U0378530

吃饭睡觉居住的地方

家的故事

欢乐的屋顶之家

[日]手冢贵晴 手冢由比 著

一文 译

清华大学出版社

北京

真可惜！再高一点就能看见大海了。

I want to see the sea! Just a little higher will do.

有办法了！让我们造一个房子，可以在屋顶上玩的那种！

I've got an idea! Let's build a house where we can live on the roof.

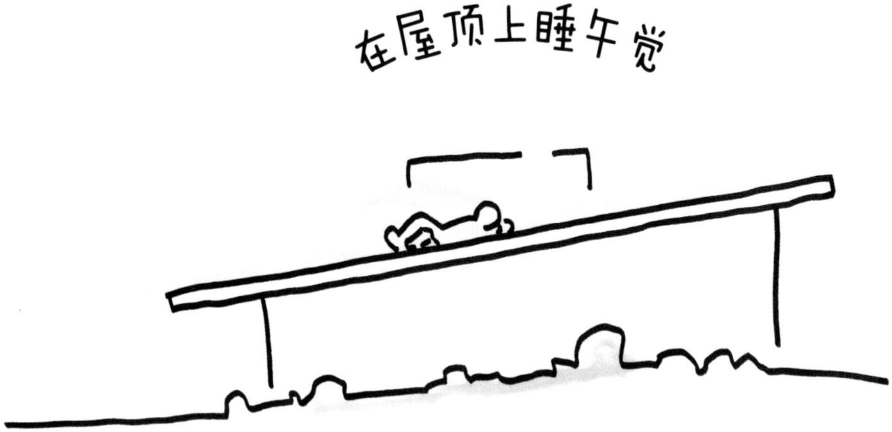

在屋顶上睡午觉

在屋顶上睡午觉应该感觉不错吧。

It feels good to nap on the roof.

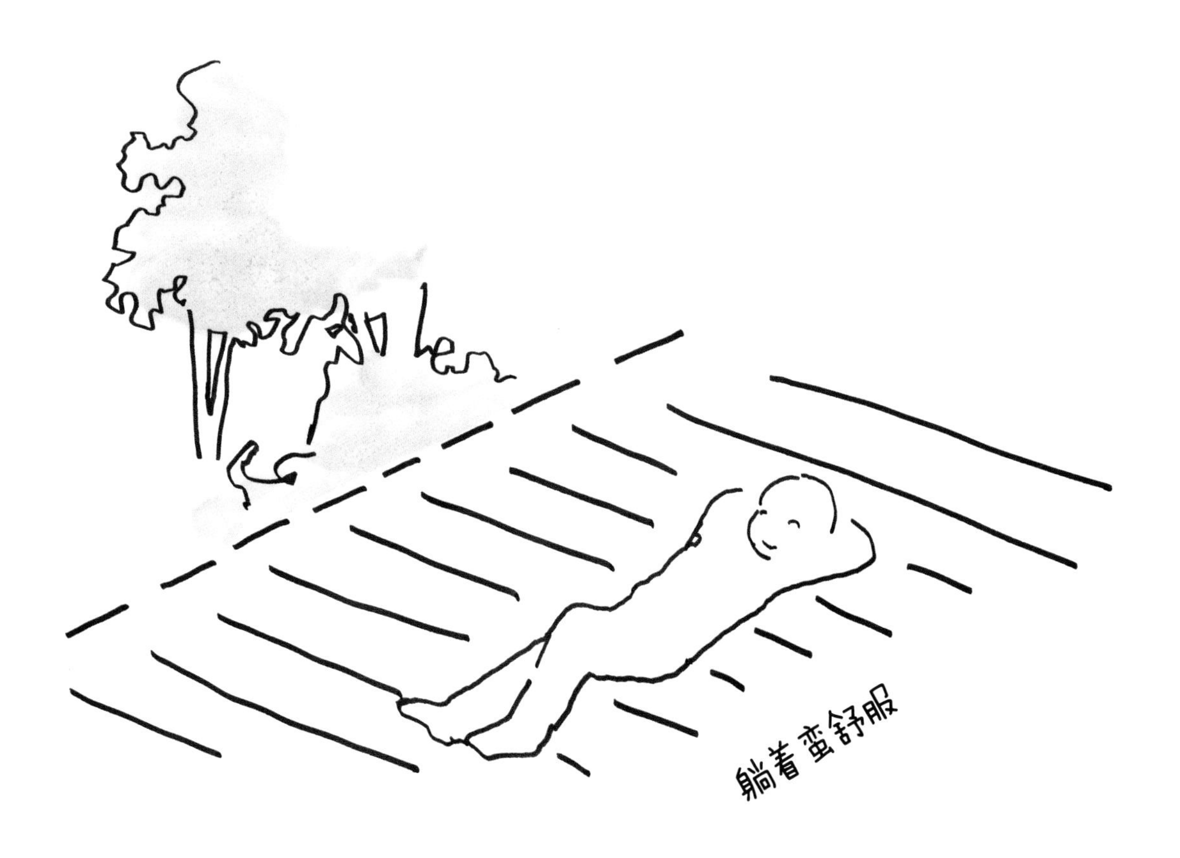

屋顶微微倾斜，形成舒缓的坡度，躺着蛮舒服。

The slope makes it a nice place to lie down.

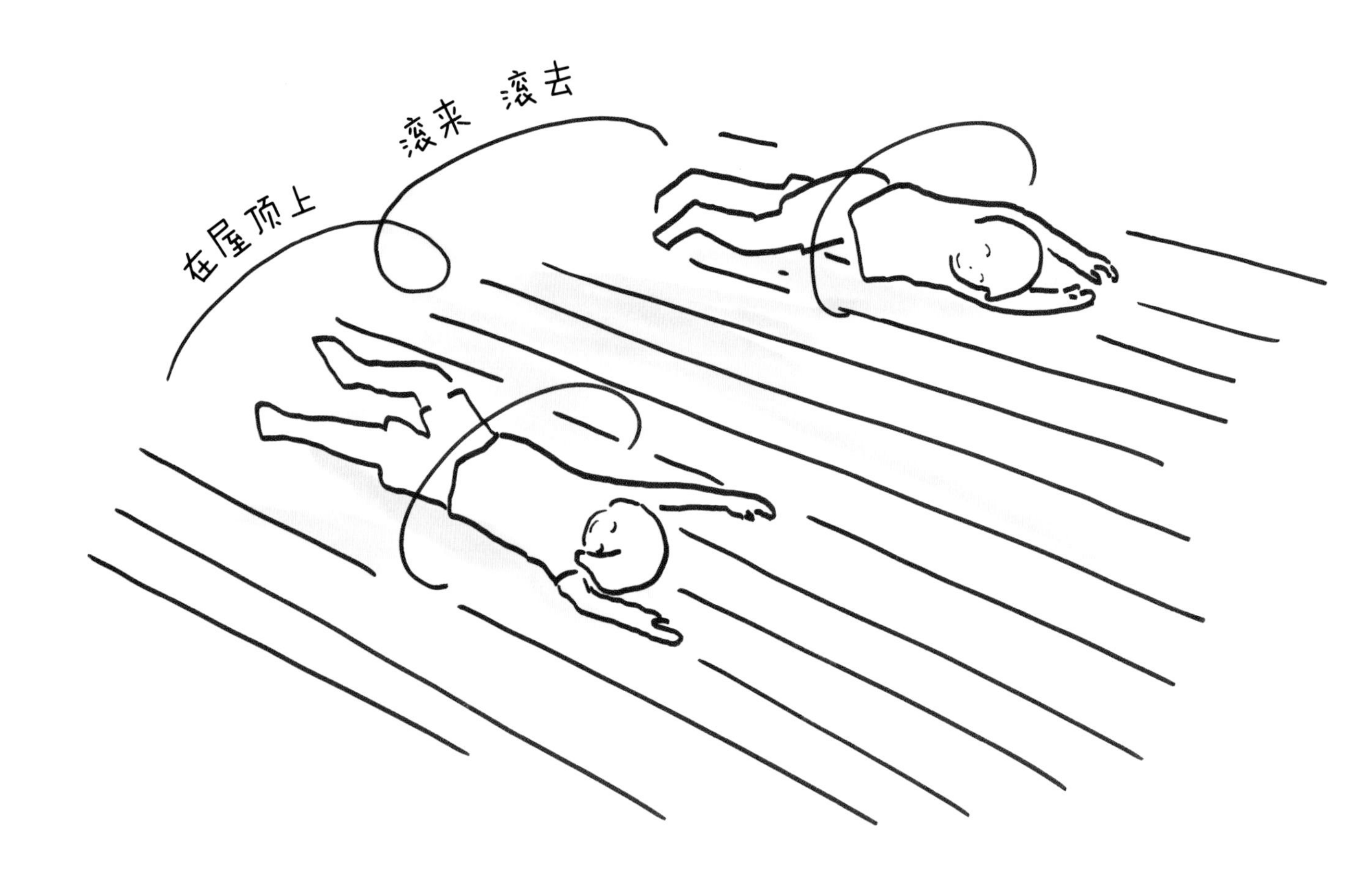

可以躺在斜坡上滚着玩，真有趣。

It's a lot of fun to roll around on the roof.

在屋顶上横着坐，好像坐不稳呢。

But it's hard to sit sideways.

最好朝着下面坐，还能看风景。

Look down and see the landscape.

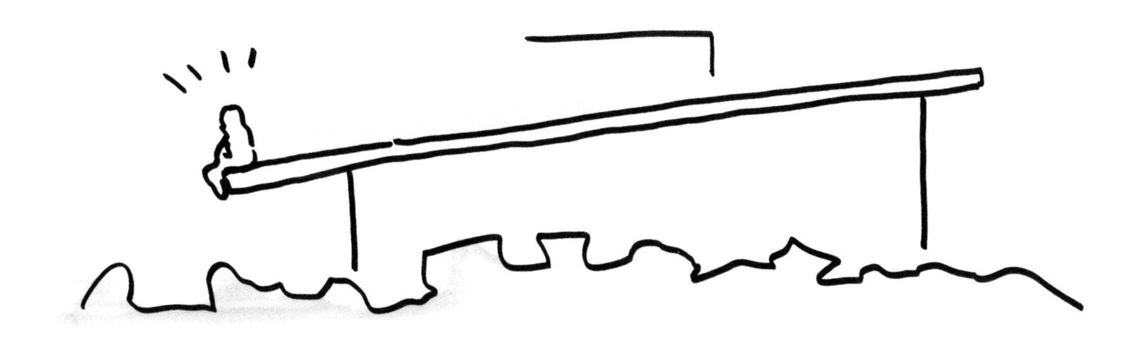

坐在屋顶边上最舒服了。

The edge is the best place to sit.

风景真好啊！

Nice view!

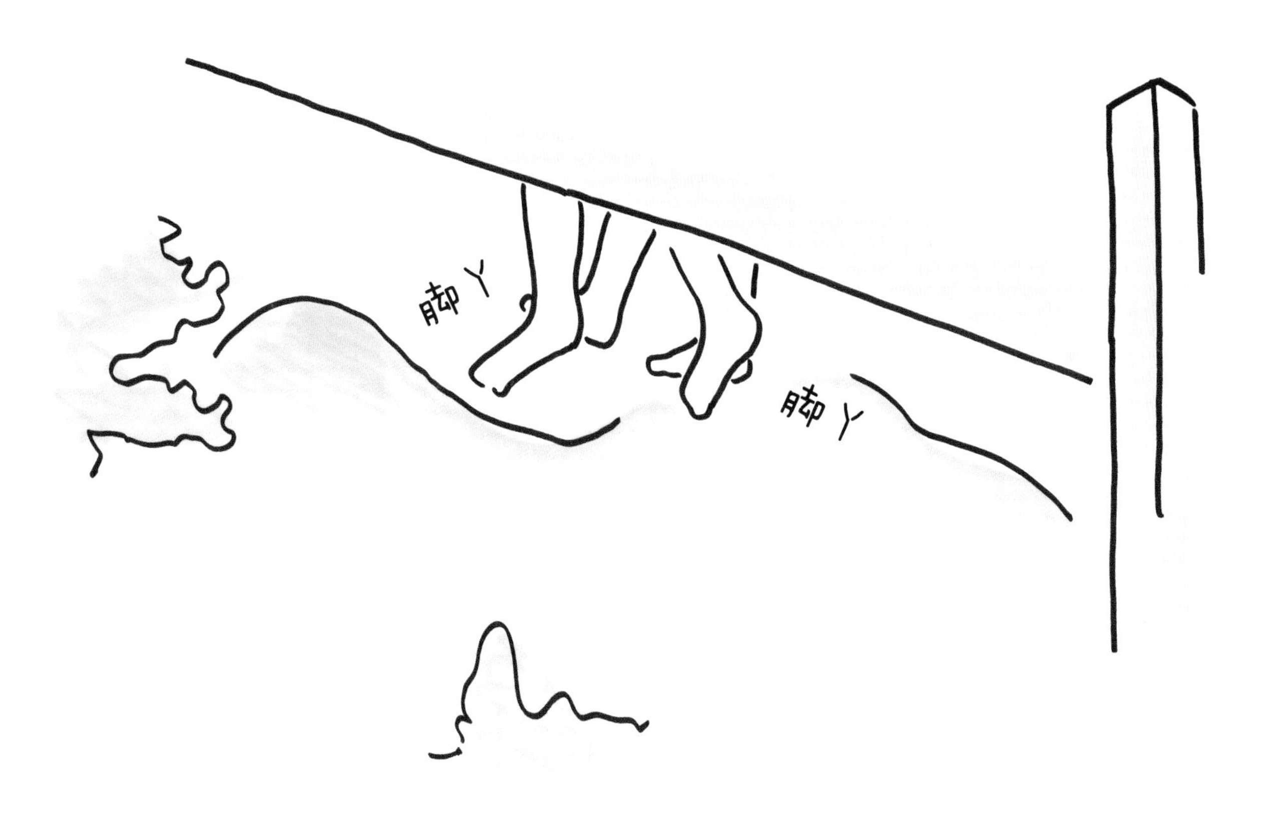

从房檐下抬头望见两对脚丫。

I can see your feet!

在屋顶上一起吃饭一定很有趣。

Eating on the roof together is fun!

伴着青山、微风与和煦的阳光，饭菜更加美味。

Green mountain,wind and warmth of the sun. Lunch tastes so good!

矮的椅子给孩子用，高的椅子给大人用。

The lower seats are for children, and the higher are for grown–ups.

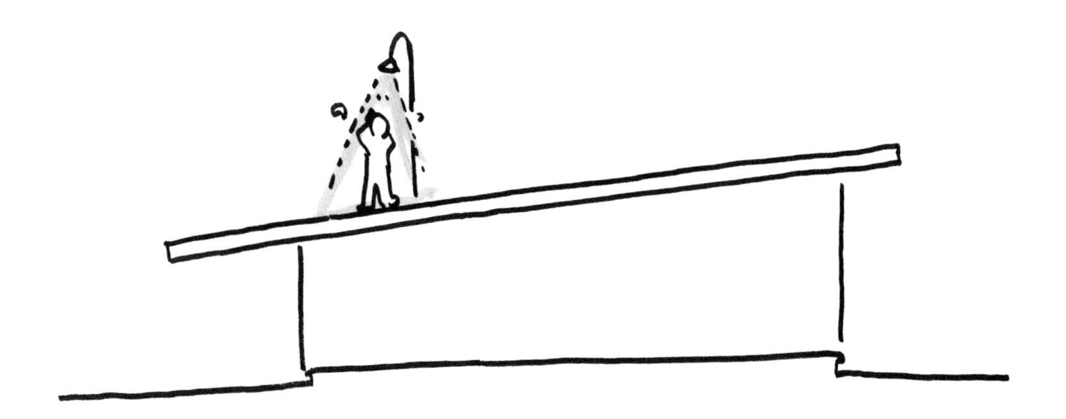

在屋顶上装个花洒怎么样?

How about a shower on the roof?

别担心，我穿着 T 恤呢，不怕别人看见。

Don't worry I'm wearing a T shirt.

在屋顶上踢球试试……

Soccer on top of the roof!

球会顺着斜坡反弹回来。

The ball bounces back.

让我们上屋顶看看去。

Let's go to the roof.

梯子是上下屋顶的工具。

Up and down through the roof with ladders.

嘻嘻嘻。能看见我吗？

Can you see me?

屋顶上真好玩呀。你在下面干什么呢？上来一起玩呀！

It's so nice up here. What are you doing down there? Come up!

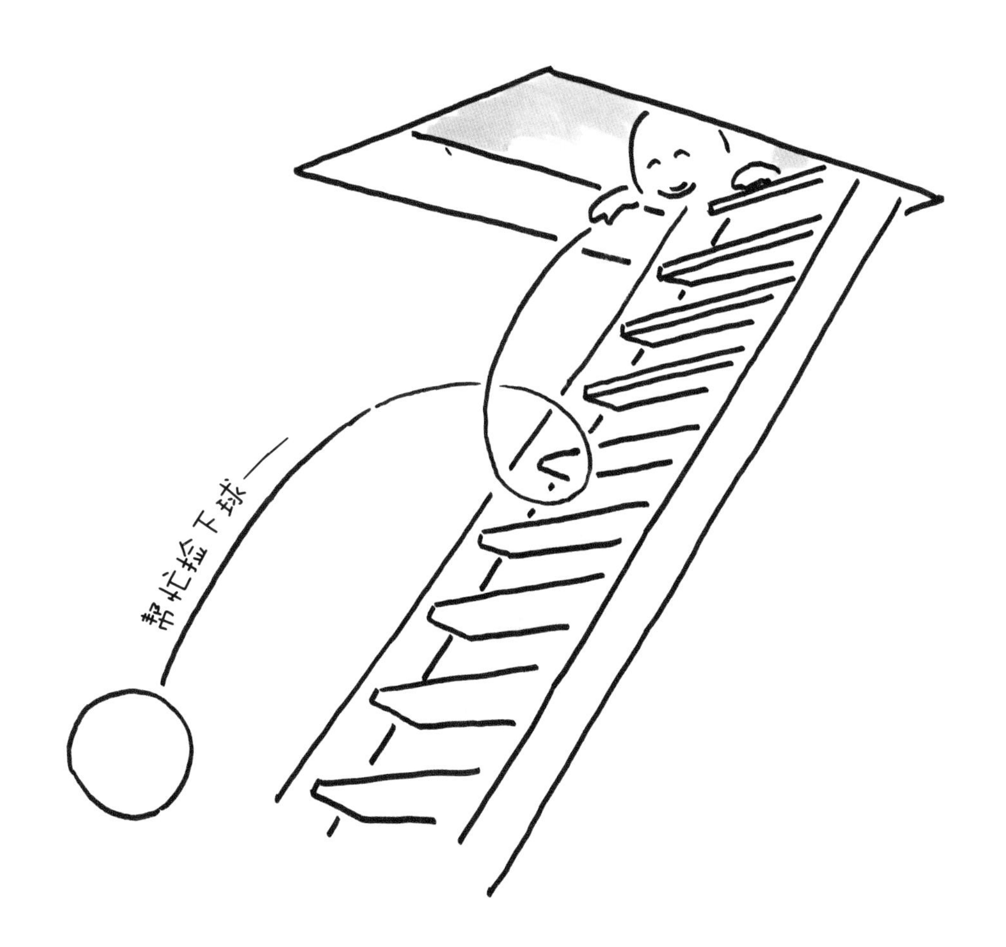

请帮我们捡下球！

Pass me the ball!

夏天的夜晚。屋顶上真凉快呀。

It's cool out here at night in summer.

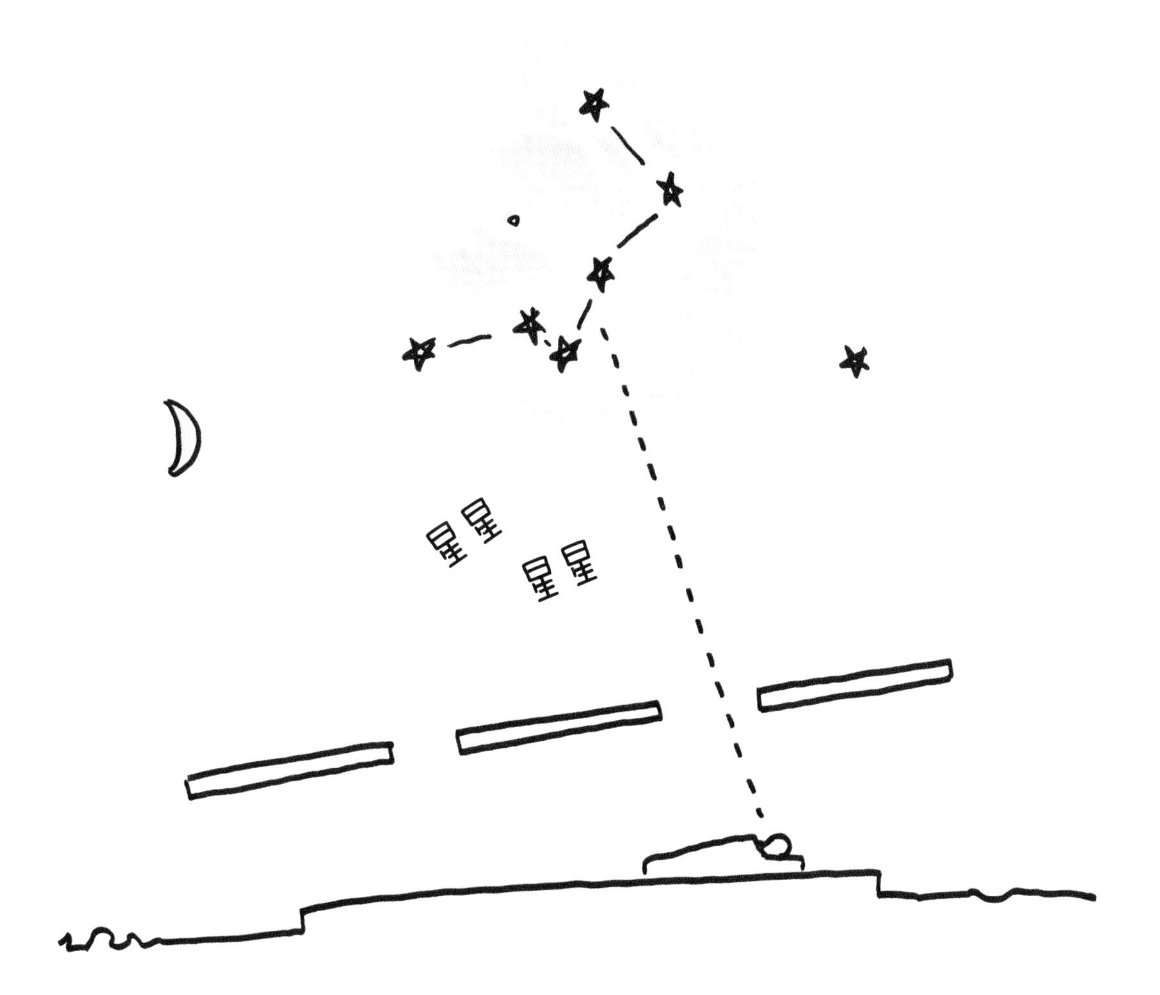

透过天窗可以望见星星。

Do you see the stars?

皎洁的月光洒下来。

The moon is so bright!

屋子里亮着好多电灯泡。

Many light bulbs are hanging down.

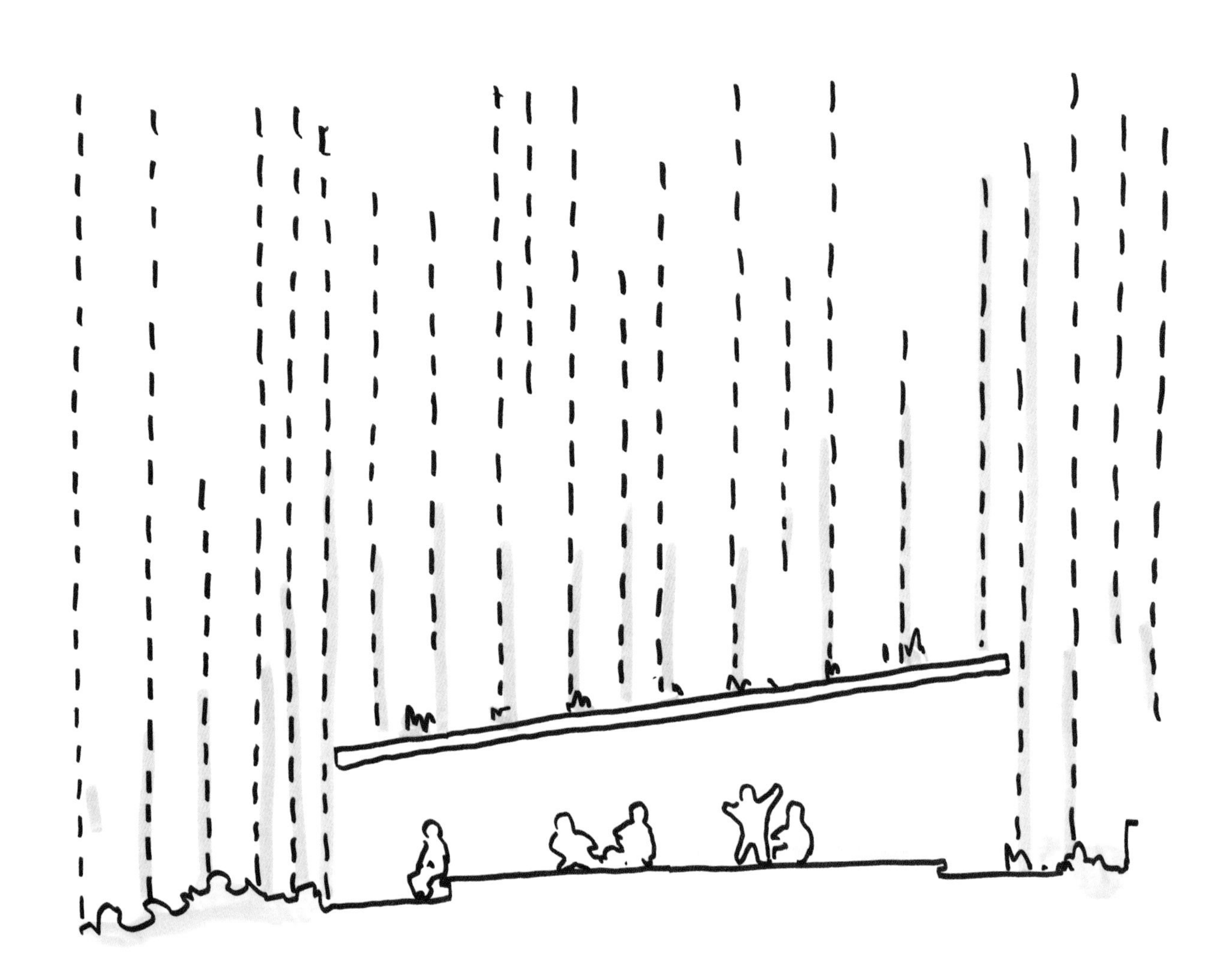

下雨天也很美好。

Rainy days are nice too.

屋檐深深，下雨也可以开着窗，不怕雨水打进来。

没有蚊子。蚊子都被雨点打跑了。

Keep the window open! No mosquitoes. They are shot down by raindrops.

屋顶上冒烟了。

Smokes from the roof!

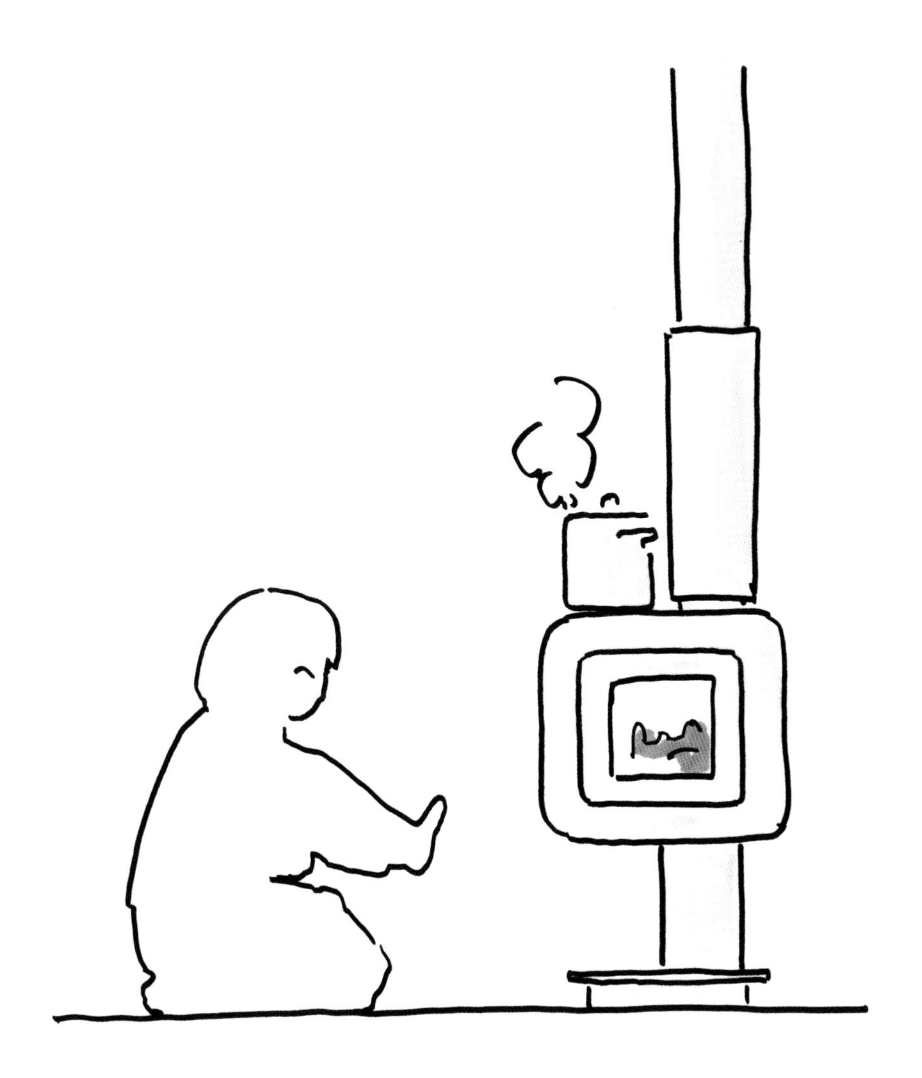

炭火炉是那么温暖。

The wood stove is so warm.

欢乐的屋顶之家，这里是我们长大的地方。

Roof house where we grew up!

解说

与手冢贵晴、手冢由比对谈

田中元子

建筑由谁创造，建筑由何创造？

令人心服口服的建筑

人们在任何时候看到由手冢贵晴、手冢由比设计的建筑，都会感慨："原来如此！""就应该是这样的，没错！"——他们的建筑总能给人一种恍然大悟的感觉。"屋顶之家"便是如此。由天花板上的小天窗攀爬出去，就可以来到屋顶上。屋顶上没有围栏或扶手，却铺设了水管，可以洗澡。是不是有点不可思议？但是，这样的建筑，却能在不知不觉间说服我们，获得我们的理解和认同。

人的身上，有的部分会随时代流转而改变，而有的部分自古以来就未曾改变。手冢夫妇的建筑之所以能获得很多人的赞赏，理由之一就是他们非常珍视人们身上那不曾改变的部分。

在微微倾斜的屋顶上，抱膝而坐，仰望天空。应该不会有人对这样的时刻感到不愉快。虽然眼下这个时代崇尚个性或多元化，但人的一些基本感受，比如说疼痛，无论在哪个时代都是相同的。爬上屋顶，在屋顶上休息、玩耍，一定会很开心吧。对此大多数人应该都会认同。但是以此为主题来设计建筑，"屋顶之家"或许是首例。这座房子的业主高桥先生，在遇见设计师之前，就一直喜欢到屋顶上活动。这也是这座房子设计的出发点。以此为重点来设计建筑，可以说是非常大胆而直白的做法。人们见到这座房子，先是惊讶，然后发现，原来自己也喜欢这样的建筑，从而对设计师的做法心服口服。

很难解释为什么人在屋顶上待着会感到愉快。这似乎是不言自明的事实，无论大人小孩，现代古代，这种情绪似乎大家都有，超越了年龄与时间。所以，"屋顶之家"并不是一件稚气未脱的作品。抓住人生中那些真正重要的东西，承认并且直面那些客观存在的事实，建立在这个基础上的"屋顶之家"，是一座真正成熟的建筑。

平时遇见的建筑中，有多少是能令我们发自内心认同的呢？有的车站里路线设计得一点都不方便，给人添麻烦；有的住宅每家每户的门窗一模一样，生硬呆板；有的时候，我们甚至觉得自己家也建造得不那么合理。认同是一种愉悦的感觉，当人们遇见自己认为合情合理的事物，同时这件事物又具有一定预见性的话，便会产生认同之感。作为建筑师，首先就要满足业主的需求，实现那些对业主而言合情合理的事情。不过，只做到这一步的话，那也或许不需要什么建筑师了。在此基础之上，建筑师还要独具匠心地创造出别的价值。手冢夫妇的建筑让人心服口服的秘密，大概就在这里吧。

建筑的种子，建筑的生命

我也想要一个“屋顶之家”，大概很多人都有这样的愿望。但是，同样的家不是在任何地方都能建造出来的。因为，手冢夫妇的建筑都是依据主人的心愿量身定做的。他们仿佛是巧手的园丁，将沉眠于主人心中的种子埋入土中，给予恰到好处的刺激，让其自然成长，最终开花结果，将主人心中无法言表的有关快乐、有趣、舒适、幸福的愿景全部包裹在他们设计的建筑之中。所以，每个客户在见到手冢夫妇为自己做的设计后都会情不自禁地说：“这座建筑比手冢夫妇其他的建筑都要好！”因为手冢夫妇设计的，是最贴合每个客户自身需求的建筑。

如果要给建筑排个序，最适合自己的当然是排在第一位。除去自己的家以外，请重新观察一下自己身边的建筑，譬如你经常去的街道上的学校或商店。请你看看，这些建筑在多大程度上是符合街道的环境，并且符合它自身的用途的呢？如果一座建筑让你感觉非常舒心，使用起来也十分便利，那它必然是座好建筑。我们很难断言哪座建筑是最好的，但好建筑一定是对我们的街道和生活有益的建筑。

不过，建筑师的工作就只是根据需要设计建筑吗？手冢夫妇说：“建筑是与人类共同生息的。它就像细胞中的线粒体。”人去楼空的建筑，会以惊人的速度衰老。因为，没人使用的建筑失去了它存在的意义。对一座建筑来说，人的存在和活动就是它的生命。我们要建造的应该是活着的建筑，也就是能够被人们充分使用的、被人们所需求的、人们乐于身处其中的建筑。这种建筑应该是长什么样的呢？这就是手冢夫妇一直探索的。

许多房子建起又被拆毁。手冢夫妇追求的不是这样的建筑，他们追求的是与流行或过时无关的，恒久而普遍的建筑。那些百年老建筑就是如此。不同的时代不同的人在里面活动，不断为其注入新生命，因此这些建筑能流传到今天。“每个人对环境的感受和要求都不一样。但是我所见过的经典建筑，都是充满了人情的。”这或许是手冢夫妇的主观感受。但是经典建筑经历了长久岁月的考验，至今依然屹立不倒，这是有目共睹的。

手冢夫妇还说，看到自己设计的建筑被人们使用，心里非常欣慰。“年轻的时候做设计，喜欢自己掌控一切，包括摆什么家具。那会儿在这方面特别较劲。不过最近突然开始释怀了。任由业主把各种东西往屋里摆，哪怕显得很凌乱，也没什么关系。”房子是用来住的，不可能总是保持着竣工那一刻的状态。住过一段时间后，可能就会变成连建筑师本人都意想不到的样子。但或许正是通过这种方式，居住在里面的人为建筑带来了浓浓的人情，为建筑注入了跃动的生命力。“人在成长的过程中，伤口和皱纹不断增加。同样，建筑也会经历岁月的洗礼，不断进化。”当一件建筑作品被设计、建造完成，人们开始依照自己的方式理解和使用这座建筑的时候，建筑便开始进化。诞生于建筑师之手的建筑，从此迎来了新的生活。

建筑的种子潜藏于我们每个人的心中。寻找出这颗种子，栽种并培育，使它成长为建筑的是建筑师；而在这之后，与建筑亲密接触，为其注入生命，让建筑真正活起来，则是我们应该做的。人在社会中，只有与他人接触、交流，才能真正地活下去，建筑也是这样。建筑与人是相通的。是的，就像人一样，手冢夫妇点头赞成。

手冢贵晴（TAKAHARU TEZUKA）

1964 年生于东京都。1987 年毕业于武藏工业大学。1990 年取得宾夕法尼亚大学硕士学位。此后至 1994 年就职于理查德·罗杰斯建筑设计事务所。1994 年与手冢由比共同创建手冢建筑研究所。1996 年起任武藏工业大学专任讲师。2003 年起任武藏工业大学副教授。2009 年起任东京都市大学教授。

手冢由比（YUI TEZUKA）

1969 年出生于神奈川县。1992 年毕业于武藏工业大学，后赴伦敦大学巴特莱特建筑学院留学。1994 年与手冢贵晴共同创建手冢建筑研究所。1995 年起任东洋大学非常勤讲师。2001 年起任东海大学非常勤讲师。

手冢夫妇获得过很多奖项。2002 年，建筑作品“屋顶之家”获第 18 届吉冈奖、JIA 新人奖。2003 年同作品获日本建筑学会作品选奖。2004 年凭 “越后松之山森林学校 KYORORO”获生态建筑（ecobuild）奖。2008 年凭“富士幼儿园”获日本建筑学会奖作品奖。主要著作有《舒适的家》（2005 年，清流出版）、《手冢贵晴手绘透视》（2009 年，彰国社）等。

田中元子（MOTOKO TANAKA）

撰稿人、创意活动促进者。1975 年生于茨城县。自学建筑设计。1999 年，作为主创之一，策划同润会青山公寓再生项目“Do+project”。该建筑位于东京表参道。2004 年与人合作创立“mosaki”，从事建筑相关书刊的制作，以及相关活动的策划。工作之余开设“建筑之形的身体表达”工作坊，提倡边运动身体边学习建筑，并将相关活动整理出版为《建筑体操》一书（合著，由 X-Knowledge 出版社 2011 年出版）。2013 年，获得日本建筑学会教育奖（教育贡献）。在杂志《Mrs.》上发表连载文章《妻女眼中的建筑师实验住宅》(2009 年至今，文化出版局出版）等。http://mosaki.com/

后　记

“屋顶之家”建成已有 15 年了，我们夫妇经常前去拜访。每次拜访都不会草草收场。因为业主和设计师都很忙，所以会面通常以采访的名义特意腾出时间。经历过无数采访的夫妇二人应对采访团队也是得心应手。说错话了也不会紧张。“请坐请坐！”盛情难却，身经百战的采访团队也不由自主地在餐桌旁坐下，回过神时才发现尽是在闲话家常，而一天时间已经不知不觉地过去了。这样的工作态度真是称不上专业。通常情况下，采访人员为了避免丧失客观性，或者避免给采访对象带来麻烦，会避免接受任何招待。但是每次去“屋顶之家”，我们总是难以拒绝主人的心意，否则反倒会感觉不安。因此，每次去“屋顶之家”采访，都变成了去吃饭。

最初构思“屋顶之家”的时候，是高桥先生提出在屋顶上吃饭的想法的，不是我们的创意。初次见面的那晚，厨房和与其相邻的客厅里弥漫着微波加热后的鸡肉丸汤的香味，我们与高桥先生畅谈了三个多小时。至于谈话内容，最终除了屋顶以外便什么都记不得了。建筑的话题被各种闲话家常给埋没了。我们问了很多、听了很多，但踏上归程后才发现似乎没有抓住一个要点。每次接受住宅设计委托，与业主面谈时的状况差不多都是这样，实际聊到建筑的时间非常少，在我们构思“屋顶之家”时尤其如此。逗留半日，在离开前也未必能谈到建筑。大多数时候我们跟业主都是在附近的女主人的娘家见面的，那里房子比较宽敞，每次去，他们都会热切地端上一盘又一盘模样精致的中式或日式菜肴。我们本身就喜爱美食，所以常常被食物吸引了注意力而疏忽了正事。

自从住进“屋顶之家”以后，高桥家的食物也发生了变化。在沸水中扔入用盐腌制过的鲑鱼，待鱼肉断生即捞出，捣碎，加入颗粒状的地肤子、木鱼花，用酱油拌好，最后铺到热腾腾的白米饭上，便是一道好吃到令人忘我的极品美味。如果再随意地摆上一大块微微焦黄的厚煎豆腐，则更加让人产生幻想：这不正是日本百年餐桌文化的体现吗。“我都不愿意做复杂的菜了，麻烦。”女主人说。言下之意，简单的饭菜与这样的家是刚好契合的，足够了。听到这样的话，我们作为设计者自然无法抑制心中的喜悦。建筑营造出的环境已经带来了足够的精神和物质体验，令美酒佳肴也显得多余。

高桥家有两个女儿。其中一个女儿对其他的小孩子非常照顾，是个细心的姐姐。另一个小点的女儿性格逗趣，像个彩色的皮球一样成天乐呵呵地蹦来跳去。这两个孩子组合在一起，仿佛夜里的一对明灯，能照亮整个客厅。我们在为这个家设计照明的时候，采用了比较特殊的方案，只在必要的地方随意地垂挂几个高度适宜的灯泡。不过，只要有这两个孩子在，这个家里每天都能像过节般的灯火辉煌。遇见这两个孩子，也让我们打心底有了要孩子的想法。在父母的温暖爱意呵护下的孩子，是世间无可替代的珍宝。令我们感到不可思议的是，虽然我们是陌生人，但每次登门拜访，这两个孩子都会来跟我们玩，变着花样让我们开心，比如用伞作为小道具来演戏，等等。她们还说，正在排练新的节目，让我们下次来看。可惜的是，两个孩子越来越忙，新的节目我们一直都没有看到。不知道会是什么样的故事呢？

完成“屋顶之家”的12年后，我们的新作品《网的森林》在箱根雕刻森林美术馆落成。开展那天，高桥夫妇来了。我们发现两姐妹不在，询问原因。他们说，孩子长大了，太忙了，所以来不了，现在又回到了夫妇两个人的生活。这让我们很感慨：孩子的陪伴是有期限的。如今，我们有一个11岁的女儿和一个8岁的儿子，一想到他们迟早也会独立远走，就心绪难平。我们的德国友人奥利弗·昆，在我们成为父母后送给我们一段话，可谓至理名言：

> 你们将会经历人生中最精彩的10年。
> 千万不要荒废它。因为你们只有这10年。

家如同鸟巢。亲鸟在风雨中竭尽全力守护着卵，待雏鸟孵化出来后，又一口一口地衔来食物。不知不觉间，雏鸟就长大离巢了。虽说10年以后，孩子与父母名义上的关系不会变，但到那时，孩子就要开始离开家，在外面的世界历练。孩子不会再安分地躲在父母温暖的翅膀下。而在这之前的10年，家承担着重要的角色，家对孩子来说就是全世界。在地板上打滚，抚摸墙壁，听着声音在屋子里此起彼伏，一天天就这么过去。孩子们离开后，屋顶之家会变成什么样呢？孩子们会带他们的孩子过来玩吗？

北京市版权局著作权合同登记号 图字：01-2018-3348

やねのいえ / Roof House
著者：てづかたかはる＋てづかゆい
プロジェクト・ディレクター：真壁智治
解說・建築家紹介：田中元子 [mosaki]

图书在版编目（CIP）数据

欢乐的屋顶之家 /（日）手冢贵晴，（日）手冢由比著；一文译. —北京：清华大学出版社，2019
（吃饭睡觉居住的地方：家的故事）
ISBN 978-7-302-51306-3

Ⅰ. ①欢… Ⅱ. ①手… ②手… ③一… Ⅲ. ①住宅－建筑设计－青少年读物 Ⅳ. ①TU241-49

中国版本图书馆CIP数据核字（2018）第223817号

责任编辑：冯 乐
装帧设计：谢晓翠
责任校对：王荣静
责任印制：杨 艳

出版发行：清华大学出版社
网 址：http://www.tup.com.cn, http://www.wqbook.com
地 址：北京清华大学学研大厦A座 邮 编：100084
社总机：010-62770175 邮 购：010-62786544
投稿与读者服务：010-62776969, c-service@tup.tsinghua.edu.cn
质量反馈：010-62772015, zhiliang@tup.tsinghua.edu.cn
印装者：小森印刷（北京）有限公司
经 销：全国新华书店
开 本：210mm × 210mm 印 张：2 字 数：42千字
版 次：2019年1月第1版 印 次：2019年1月第1次印刷
定 价：59.00元

产品编号：070024-01